W0392027

CLAUDINE GASTON
CHRISTIAN CAMARA
VICTORIA DENYS

LE SQUELETTE

COMMENT ÇA MARCHE ?

UN DOCUMENTAIRE
QUI TE DIRA TOUT
SUR LES VERTÉBRÉS !

FLEURUS

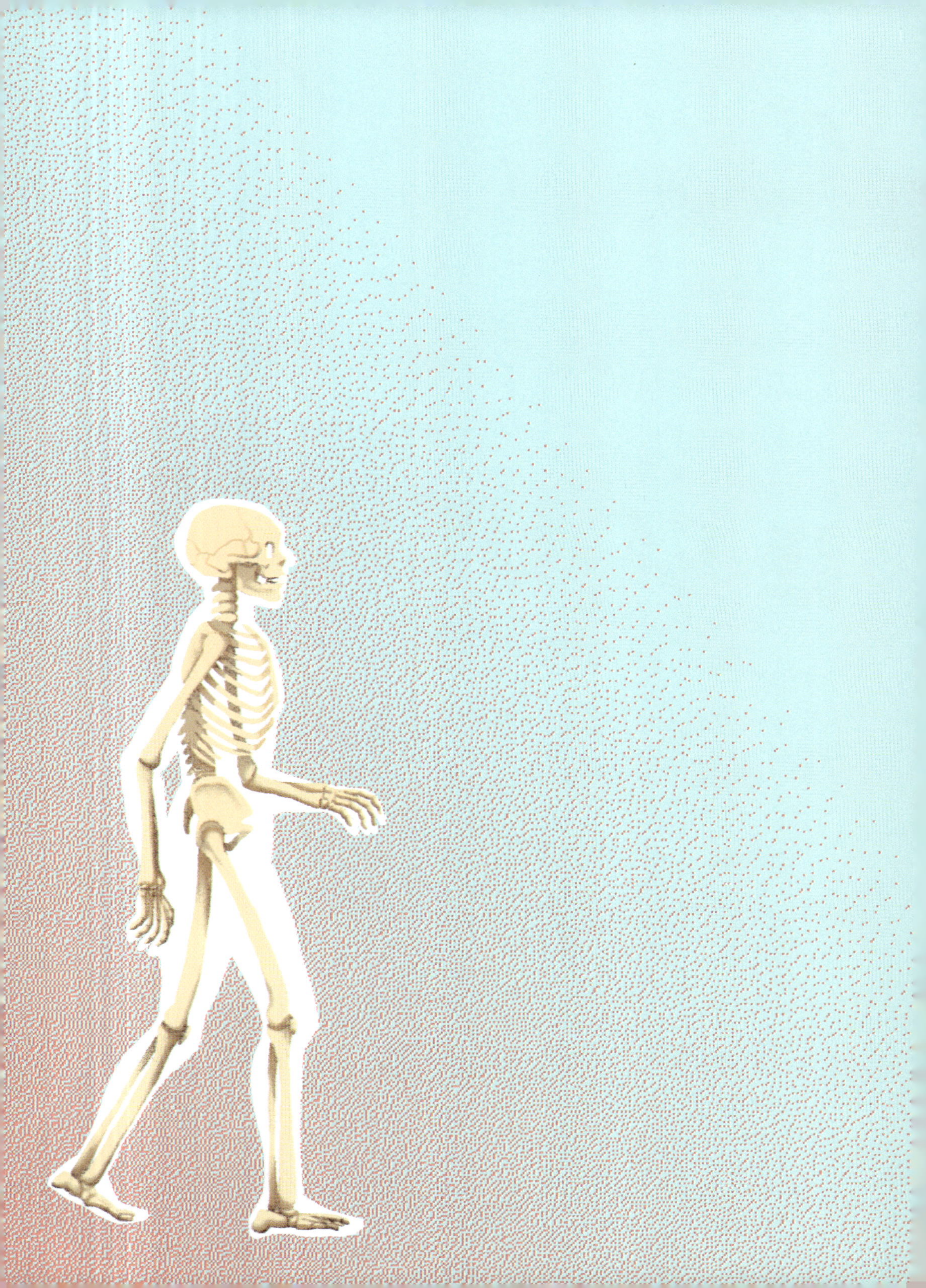

SOMMAIRE

Avec ou sans os

Les vertébrés, une bande à part →

Les animaux, il y en a de toutes les tailles – petits, grands, microscopiques ou géants – mais aussi de toutes les formes – arrondis ou allongés, hauts sur pattes ou à ras du sol, lisses, piquants, poilus ou encore avec des écailles.

Mais s'ils sont tous différentes, certains animaux peuvent être rassemblés dans la catégorie des vertébrés. Les poissons, les amphibiens, les reptiles, les oiseaux et les mammifères en font partie. Leur point commun ? Ils ont tous un squelette interne osseux organisé autour d'une colonne vertébrale et jamais plus de quatre pattes. On y trouve des animaux familiers (chien, chat mais aussi grenouille, tortue, poule ou poisson rouge) et toutes sortes de bêtes sauvages (lion, serpent ou crocodile...).

Petites bêtes →

Les autres animaux, autrefois appelés invertébrés, possèdent soit un squelette externe (comme une coquille, une carapace...) soit pas du tout de squelette. Ce sont toujours (ou presque) des animaux plus petits, pas très familiers, que l'on a rarement envie d'adopter : insectes, vers de terre, coquillages ou crabes, sans parler des araignées et des méduses.

Sais-tu qu'environ 95 % des animaux présents sur Terre sont des invertébrés !

→ À TOI DE JOUER !

Trouve les intrus

Trois de ces animaux n'ont pas d'os : ce ne sont pas des vertébrés. À toi de les retrouver !

Le poisson

L'escargot

La moule

La baleine

L'autruche

Le scorpion

Le bon choix

Je ne suis pas un vertébré car :

- **A** J'ai 6 pattes.
- **B** Je vole.
- **C** J'ai des rayures jaunes et noires.

Un air de famille

Un même modèle →

À première vue, une grenouille et un chat ne se ressemblent pas beaucoup. Pourtant, comme chez tous les vertébrés, leur squelette est construit sur le même plan. Au milieu du dos, la colonne vertébrale est formée de vertèbres. De l'avant du corps vers l'arrière, le long de l'axe formé par la colonne vertébrale, on trouve la tête, puis les deux pattes avant fixées aux épaules, et les côtes qui forment la cage thoracique. Enfin, le bassin auquel s'articulent les deux pattes arrière.

Plusieurs versions →

Selon le mode de vie de l'animal (dans les arbres, au sol…), sa façon de se déplacer (course, fouissage, vol…), son besoin de protection (cornes, défenses…), il existe toutes sortes de variantes du squelette. Les oiseaux ont des ailes, les serpents n'ont pas de pattes, la taille des éléphants n'a rien à voir avec celle des souris, la tortue se distingue avec sa carapace. Pourtant, chez tous ces animaux, l'architecture générale du squelette reste la même.

Les bras de l'homme correspondent aux pattes avant et ses jambes aux pattes arrière. Imagine-toi à quatre pattes et tu comprendras pourquoi !

→ À TOI DE JOUER !

La bonne couleur

Sur les squelettes de l'homme, du lézard et de la poule, les parties semblables sont représentées avec une même couleur. À toi de retrouver à quelle partie du squelette correspondent les couleurs bleue, rouge, verte, jaune et violette.

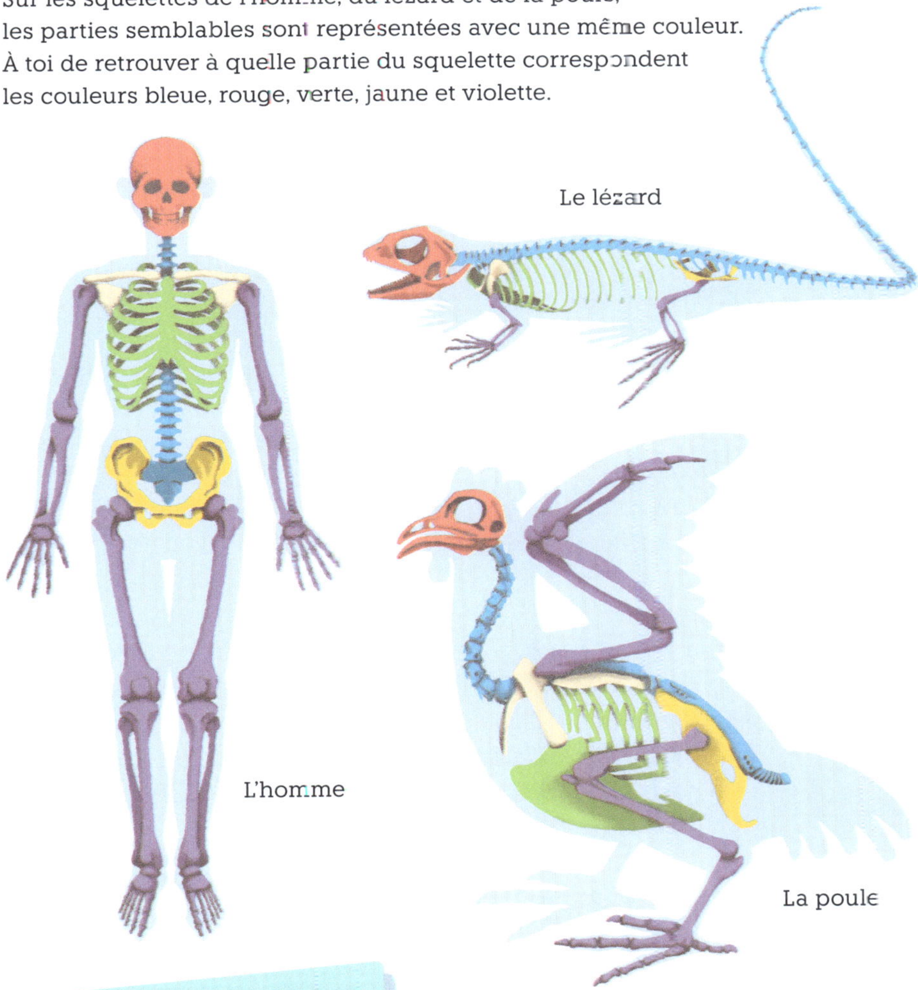

Indice !
Eh oui, toi aussi, tu fais partie de la famille des vertébrés !

- **A** Le crâne est de couleur...
- **B** La cage thoracique est de couleur...
- **C** La colonne vertébrale est de couleur...
- **D** Le bassin est de couleur...
- **E** Les pattes avant et arrière sont de couleur...

Un squelette multifonctions

Une mécanique de précision →

Sans ton squelette, tu aurais bien du mal à te déplacer, et surtout tu serais tout mou ! Avec ses os à la fois solides et mobiles, le squelette est une charpente articulée qui soutient le corps et permet toutes sortes de mouvements.

Une armure interne →

En prime, comme un bouclier, le squelette protège les organes. Dans le crâne, le cerveau est à l'abri des chocs, tout comme le cœur et les poumons enfermés dans la cage thoracique. Le bassin protège une partie des organes digestifs. Articulé aux jambes, il assure à celles-ci une bonne stabilité.

Solide comme un roc →

La partie externe des os est formée d'un matériau très résistant incrusté de calcium, un minéral qui compose aussi les roches. Pas étonnant qu'ils soient durs comme la pierre ! Mais ils sont bien vivants, nourris par des vaisseaux sanguins. Très solides, les os peuvent pourtant se briser à la suite d'un choc. Pas de panique, ils se réparent tout seuls s'ils restent immobiles à l'abri d'un plâtre.

Au cœur des os se trouve la moelle. Dans les os longs, la moelle jaune est principalement formée de graisse. Mais les os plats renferment de la moelle rouge qui produit des milliards de cellules sanguines. Une véritable usine !

→ À TOI DE JOUER !

Énigme

Le serpent se laisse charmer par le musicien et se redresse au rythme de la musique. Mais essayer de faire pareil avec un ver de terre ne donnera pas beaucoup de résultat... À toi de trouver pour quelle raison !

L'objet mystère

Selon toi, quel est cet objet mystère ?

- **A** Un squelette de serpent
- **B** Une colonne vertébrale humaine
- **C** Un squelette de ver de terre
- **D** Un squelette de mille-pattes

Squelettes en tous genres

Chacun son style →

Aucun risque de te confondre avec un chimpanzé ! Si l'apparence d'un humain et celle d'un singe sont bien différentes, c'est d'abord en raison de leur squelette. L'allure droite de l'homme ou voûtée du chimpanzé s'explique par la forme de leur colonne vertébrale. La taille des bras, plus longue chez le singe, dépend de la longueur des os. Quant au crâne de l'homme, son volume important lui permet d'abriter un cerveau bien plus développé que celui du singe !

La tête dans les nuages →

Impossible de tenir droit un si long cou sans de solides vertèbres. Comme chez la plupart des autres mammifères, le cou de la girafe renferme sept vertèbres, mais alors que les tiennes font 2 à 3 cm de long, les siennes mesurent chacune 40 cm. Avec son cou long de 2 m, et grâce à ses longues pattes, la girafe culmine à plus de 5 m de haut.

Si l'éléphant est incapable de sauter, ce n'est pas une question de muscles (il en a de très gros !) mais en raison de ses os. Trop lourds, ils l'empêchent de décoller et se briseraient à l'atterrissage.

→ À TOI DE JOUER !

Les différences

Il y a de nombreuses différences entre le squelette de l'homme et celui du chimpanzé. À toi de retrouver quelles affirmations sont exactes et quelles affirmations sont fausses dans la liste suivante !

A La colonne vertébrale du singe est en forme d'arc. Celle de l'homme présente plusieurs courbures.

B Les bras du singe sont plus courts que les jambes, à la différence de l'homme.

C Le bassin du singe est large et court tandis que celui de l'homme est long et étroit.

D La boîte crânienne est petite et aplatie chez le singe. Elle est plus grosse et ronde chez l'homme.

E Chez le singe, le crâne est fixé en son centre sur la colonne vertébrale. Il est fixé par l'arrière chez l'homme.

F La mâchoire du singe est puissante et allongée à la différence de celle de l'homme.

G Les pieds du singe sont peu différents de ses mains, au contraire de l'homme.

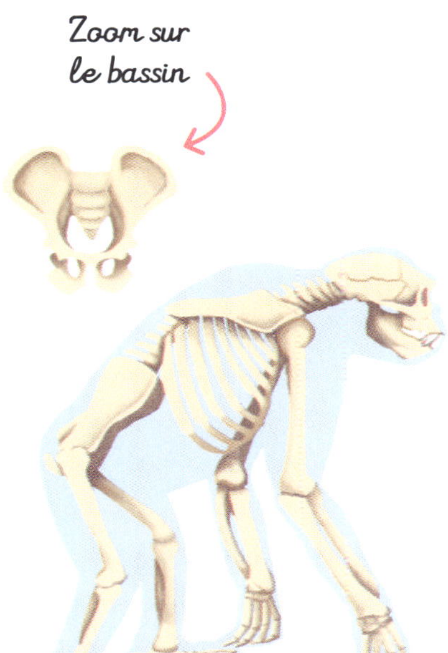

Le chimpanzé

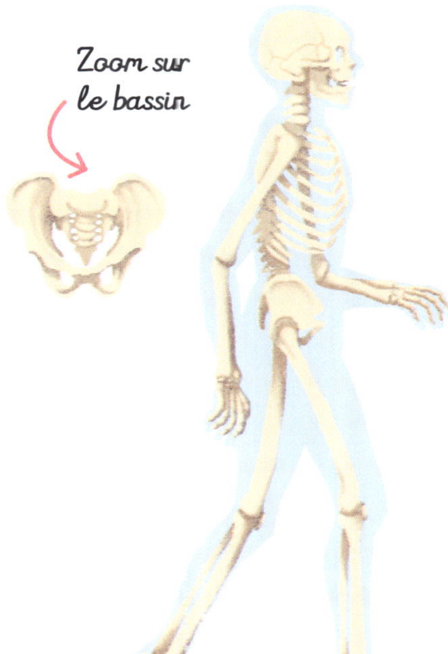

L'homme

Ça bouge !

Des articulations mobiles →

Les os sont rigides, durs comme du fer ou presque. Toutefois, ils sont mobiles au niveau des articulations. Ils s'emboîtent alors et glissent l'un contre l'autre, sans trop frotter car ils baignent dans un liquide huileux.

Il existe plusieurs sortes d'articulations. Celle du genou fonctionne comme une charnière et permet à la jambe de se plier mais dans un seul sens. D'autres, comme celles de la hanche ou du poignet, sont pivotantes et autorisent un mouvement de rotation.

Une articulation est composée de deux os dont l'extrémité est recouverte de cartilage, une matière blanche et lisse au rôle protecteur. Des ligaments relient les os entre eux et les maintiennent attachés.

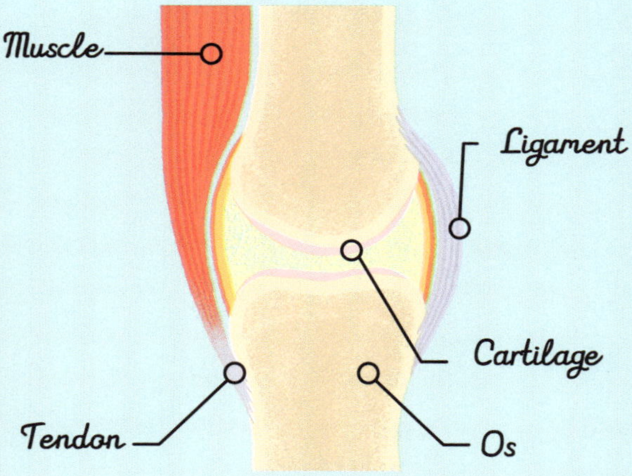

Jouer des muscles →

Pour bouger, les os ont besoin d'un moteur : les muscles. Fixé aux os par des tendons, un muscle se raccourcit en se contractant. Alors il tire sur l'os qui se déplace. La jambe ou le bras suit le mouvement, ce qui permet de marcher, courir ou sauter.

→ À TOI DE JOUER !

Le bon choix

Quand le muscle A ou B se contracte et se raccourcit, la patte du lapin se déplace. Dans quel sens va bouger la patte si le muscle B se contracte (flèche 1 ou 2) ? Et si c'est le muscle A ?

Indice !
Les deux muscles ne se contractent jamais en même temps !

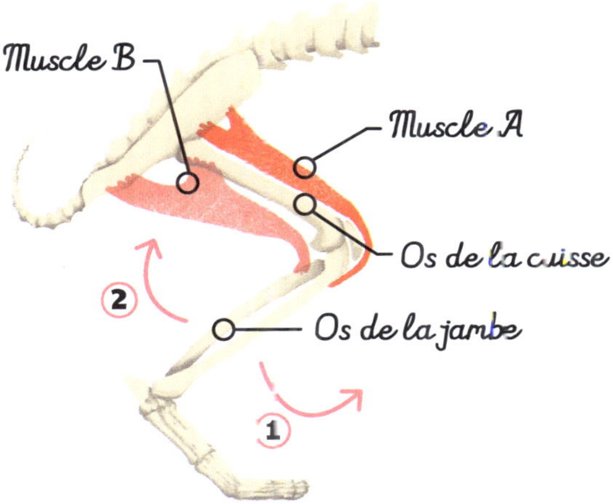

Les bons couples

Quels os s'articulent avec l'omoplate, le bassin et le crâne ?
Associe entre eux les os correspondant à la bonne articulation !
La zone entourée en rouge désigne l'articulation.

A L'omoplate

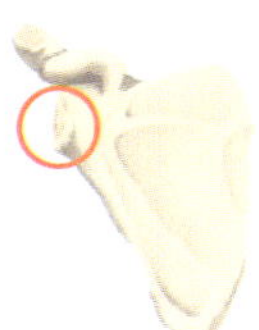

B Le bassin

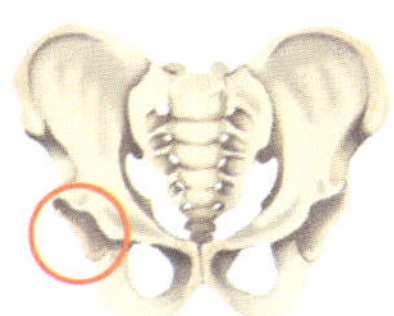

C Le crâne

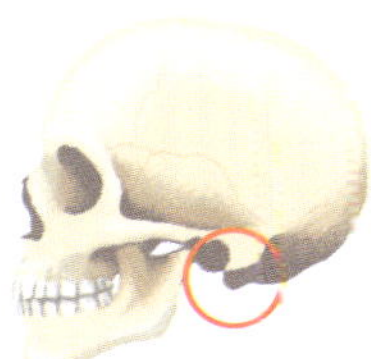

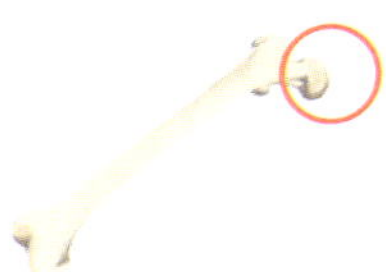

1 Le fémur

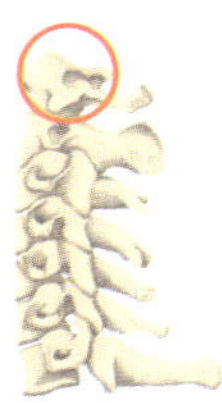

2 Les vertèbres

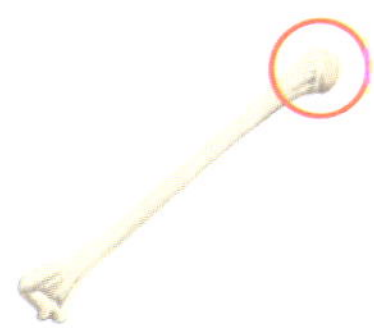

3 L'humérus

Au pas de course

Solides sur leurs pattes →

Pas de sprint pour le guépard ni de bonds pour la gazelle sans leurs pattes solides et musclées. Chez tous les vertébrés, pattes avant et pattes arrière sont construites sur un même modèle avec trois parties articulées, mais elles renferment des os différents. Ainsi, le fémur (cuisse), le tibia et le péroné (jambe), ainsi que les os du pied, constituent le squelette de chaque patte arrière.

Dans les trois parties de chaque patte avant, on trouve l'humérus (bras), le radius et le cubitus (avant-bras) et les os de la main.

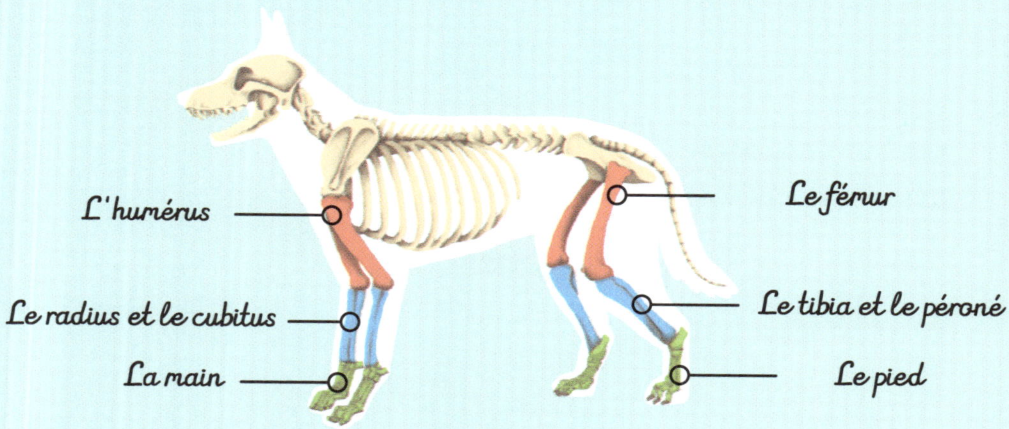

Sur la pointe des pieds →

Les animaux bons coureurs ne posent qu'une partie de leur pied sur le sol. Ainsi, les digitigrades, comme le chien ou le guépard, se tiennent debout sur leurs doigts. Quant au cheval, il avance sur le bout du doigt : c'est un onguligrade. Un sabot fait de corne entoure l'extrémité de son doigt et le protège des chocs pendant la course.

→ À TOI DE JOUER !

Trouve l'intrus

Parmi ces pattes, l'une n'est pas faite pour la course. À toi de la retrouver et de dire pourquoi !

Patte de chien

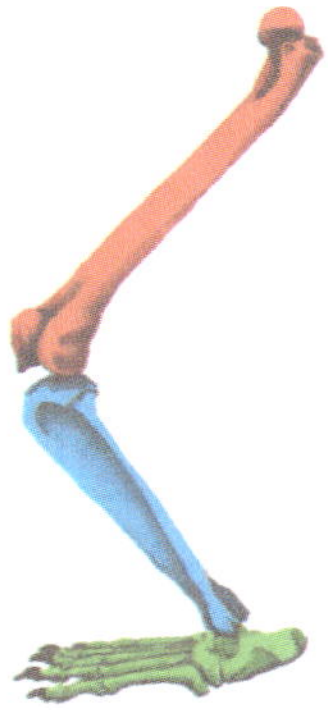

Patte d'ours

Patte de cheval

Indice !

Les animaux qui marchent en posant le pied à plat sur le sol sont des plantigrades. Pas évident de courir vite dans ces conditions !

Vrai ou faux ?

Voici une série d'affirmations. Certaines sont vraies, d'autres sont fausses. À toi de trouver lesquelles !

- **A** L'humérus est un os de la patte arrière.
- **B** Le tibia s'articule avec le fémur.
- **C** L'ours est digitigrade.
- **D** Le fémur est l'os de la cuisse.
- **E** Les digitigrades sont munis de sabots.

Et que ça saute !

Montés sur ressort → Aucun risque de confondre un lapin avec une grenouille ! Pourtant, le squelette de leurs pattes arrière présente des ressemblances : les trois parties, cuisse, jambe et pied, sont de longueur à peu près égale et, une fois repliée, la patte décrit un Z. C'est le cas chez la plupart des animaux sauteurs. Ainsi, la patte peut se détendre brusquement pour propulser l'animal.

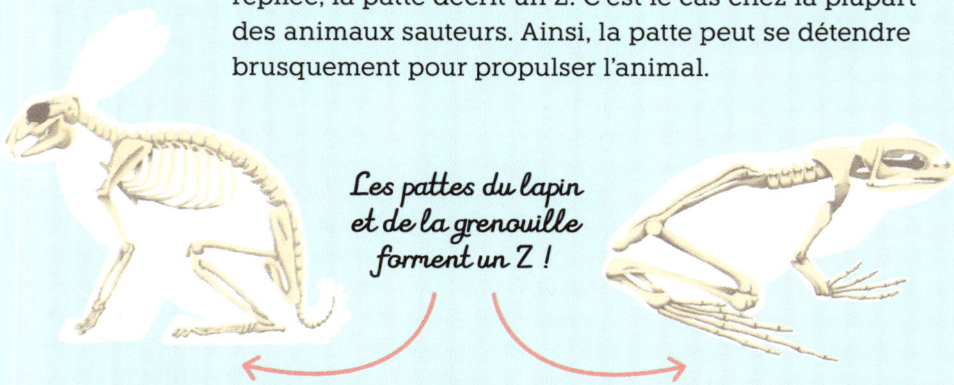

Le saut en 3 étapes →

- La détente : en appui sur le sol, l'animal se propulse en hauteur (illustration 1).
- La suspension dans l'air : aucune patte ne touche le sol mais l'animal avance (illustrations 2 et 3).
- La réception : l'animal atterrit sur ses pattes avant (lapin) ou arrière (kangourou) (illustration 4).

→ À TOI DE JOUER !

Trouve l'intrus

Parmi ces animaux, un seul n'est pas doué pour le saut. À toi de le retrouver et de dire pourquoi !

A

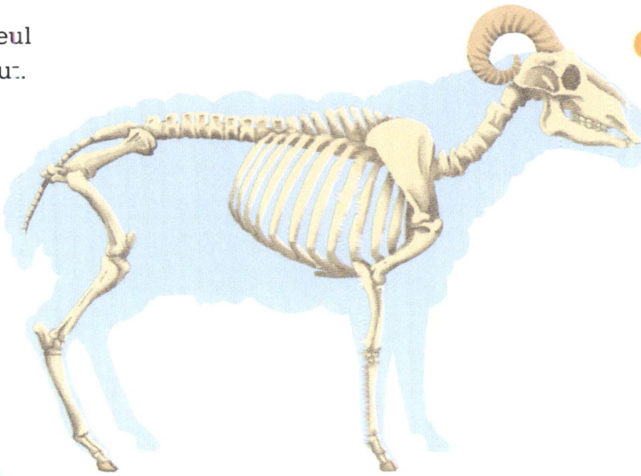

B

C

Indice !
En général, c'est plutôt par-dessus lui que l'on saute !

Dans les airs

À tire-d'aile

Pour voler, il faut des ailes que l'on peut mettre en mouvement. Celles des oiseaux sont des pattes avant transformées, qui s'articulent sur l'épaule. Comme chez tous les vertébrés, on y retrouve trois parties : le bras avec un seul os, l'avant-bras avec deux os, puis la main. Cependant, chez les oiseaux, les os de la main sont soudés entre eux et il ne reste que trois doigts. De grandes plumes, celles qui permettent le vol, sont fixées sur les os.

Le bras de l'homme et l'aile de l'oiseau sont constitués de trois parties :
Bras | Avant-bras | Main

Bien musclé

Pour battre des ailes, décoller du sol et voler, il faut aussi de sacrés muscles. Ceux qui permettent le battement des ailes forment de grosses masses fixées sur la cage thoracique des oiseaux. Chez le poulet, c'est le fameux «blanc» que l'on mange.

Les os des oiseaux sont creux, ce qui les rend plus légers et facilite le vol.

→ À TOI DE JOUER !

Trouve l'intrus

Tous ces squelettes appartiennent à des oiseaux mais l'un d'eux est incapable de voler. À toi de le retrouver et de dire pourquoi !

Le moineau

L'aigle

L'autruche

Indice !

Il ne vole pas mais il court très vite !

Comme un poisson dans l'eau

Nageurs confirmés →

Dans le squelette d'un poisson, tout est fait pour fendre l'eau, la tête allongée comme le reste du corps. Et surtout, il n'y a pas de pattes qui dépassent ! Autour de la colonne vertébrale, des muscles (ce sont eux que l'on mange) soutenus par des arêtes permettent à l'animal de battre l'eau avec sa nageoire caudale, celle située au bout de son corps, pour avancer en ondulant.

Garder le cap →

Soutenues par de fines baguettes d'os, les nageoires servent à changer de direction et à garder l'équilibre dans l'eau. Grande différence avec les pattes, elles ne portent pas le corps qui se contente de flotter.

Différents des poissons →

Ils respirent dans l'air avec leurs poumons, mais les mammifères marins (baleines, dauphins ou encore phoques et otaries) se débrouillent pour nager. Pourtant, ils n'ont pas de véritables nageoires mais des pattes transformées.

Voici les vitesses de nage de quelques vertébrés aquatiques :

Le thon
80 à 90 km/h

Le dauphin
40 à 60 km/h

La truite
37 km/h

La baleine
12 km/h

La tortue
1,6 km/h

→ À TOI DE JOUER !

Trouve l'intrus

Tous ces animaux vivent dans l'eau, sauf un.
À toi de le retrouver et de dire pourquoi !

A

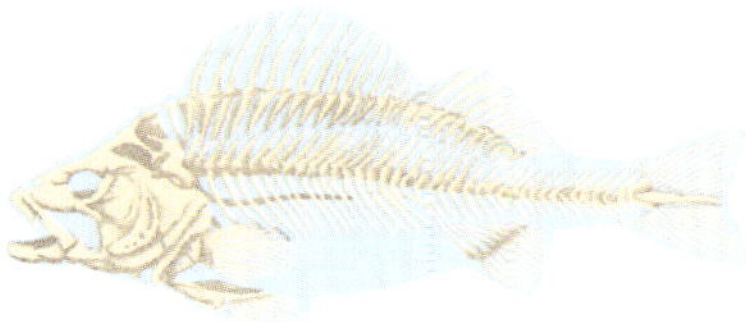

B

C

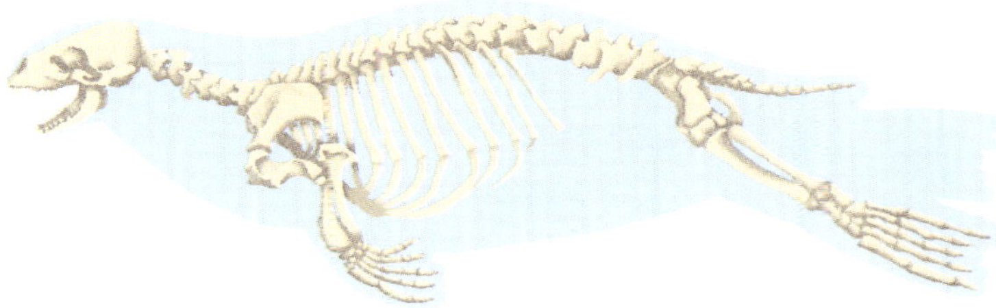

D

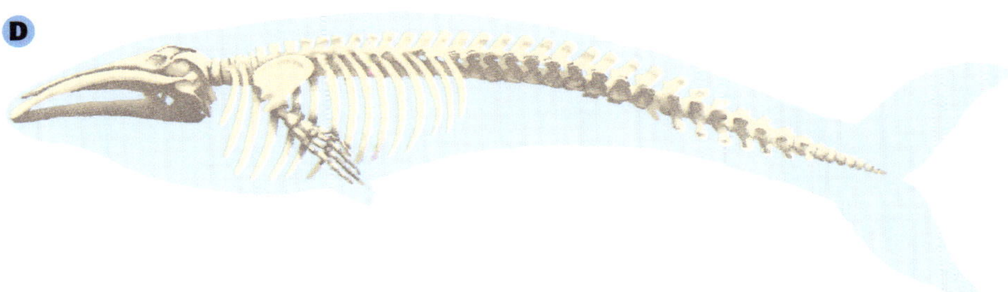

Indice !
Avec des organes spécialisés, c'est plus facile de nager !

Des pieds et des mains

Compte sur tes doigts →

Pas de risque de te tromper : tu as cinq doigts à chaque pied et à chaque main. Mais ce n'est pas le cas de tous les vertébrés. Chats et chiens en comptent seulement quatre aux pattes arrière. Le cheval ne possède qu'un seul doigt à l'extrémité de ses pattes, la vache en a deux.

Enfin, si tu compares ton pied et ta main, tu découvriras une propriété étonnante de celle-ci : le pouce est opposable, c'est-à-dire qu'il peut se rabattre sur la paume de la main. Bien pratique pour attraper un verre ou tenir un stylo !

Les singes possèdent un pouce opposable à la main comme au pied. Voilà pourquoi, aussi aidés par leurs grands bras, ils sont imbattables pour grimper aux arbres !

Un squelette ultra mobile →

Les phalanges sont les os des doigts. Nous en avons deux pour le pouce et trois pour les autres doigts. Celles du pied sont plus courtes que celles de la main. Aussi, le reste du pied – la plante des pieds et le talon –, forme-t-il une vaste surface qui repose sur le sol et peut supporter tout le poids du corps.

→ À TOI DE JOUER !

La bonne couleur

De quelle(s) couleur(s) sont représentées les phalanges sur le squelette de cette main d'homme ?

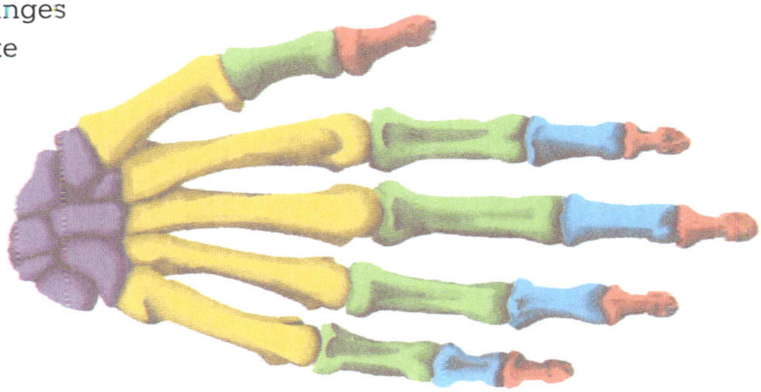

L'animal mystère

Un animal mystère se cache sous ce squelette. À toi de l'identifier à l'aide des indices suivants.

A Avec sa main munie de deux doigts opposables, il grimpe facilement aux arbres.

B Il se nourrit de feuilles d'eucalyptus.

C Il vit en Australie.

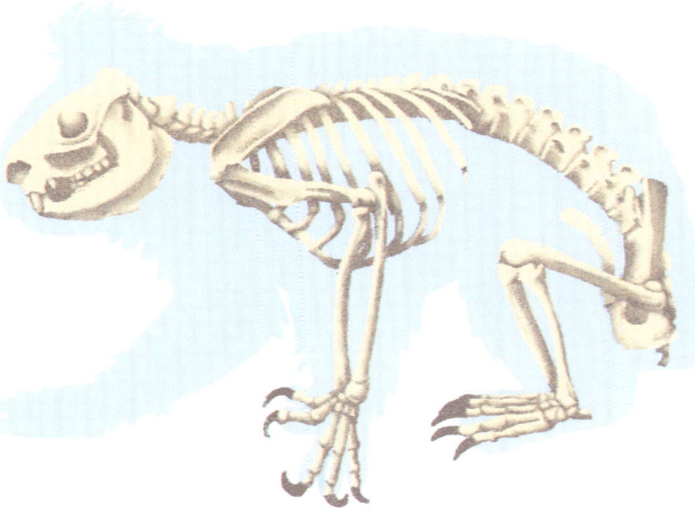

À la queue leu leu

Multifonctions →

N'importe quel animal muni d'une queue peut la remuer dans tous les sens car elle renferme des os, les vertèbres, et des muscles. Et c'est bien utile, car la queue est une partie du corps à tout faire. Chez les singes, elle permet de grimper aux arbres en s'accrochant aux branches, tout comme le fait le caméléon. Quant à l'hippocampe, cet étrange poisson se fixe aux algues avec sa queue.

Équilibre et propulsion →

Sans sa queue, le chat n'aurait aucune chance de retomber sur ses pattes. Comme tous les félins, il l'utilise lorsqu'il saute pour corriger sa direction et atterrir à l'endroit voulu. L'écureuil qui saute de branche en branche utilise sa queue de la même façon. Enfin, la queue sert de cinquième patte pour le kangourou et l'aide à se propulser en appuyant sur le sol. Chez le crocodile, elle ondule dans l'eau avec le reste du corps et lui permet de nager.

Message codé →

Pour se faire comprendre, le chien remue la queue, différemment selon le message envoyé.

Je suis confiant

Je suis en alerte

J'ai peur

Je ne cherche pas les histoires

Je suis content

→ À TOI DE JOUER !

Avec ou sans queue ?

Deux de ces trois animaux ont perdu leur queue. Retrouve lesquels.

A

B

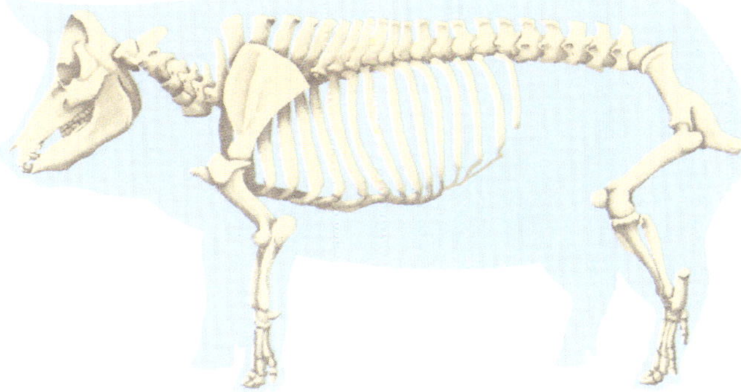

C

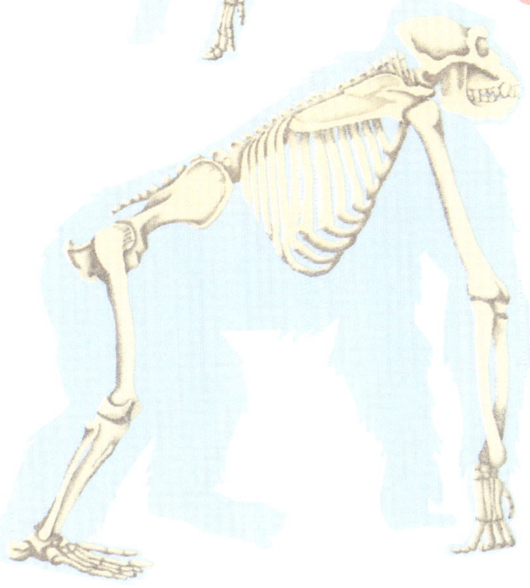

Indice !
L'un d'eux a une queue en panache, l'autre une queue en tire-bouchon.

Tout dans la tête !

La tête dure →

À l'avant du corps, la tête assure le contact avec le milieu extérieur. Elle est munie d'un casque protecteur, le crâne, dont les ouvertures laissent passer odeurs, sons, images et saveurs, toutes sortes de signaux collectés par les organes des sens. Composé de plusieurs os épais soudés entre eux, le crâne forme une boîte protectrice à l'abri de laquelle, le cerveau reçoit et traite toutes les informations qui lui parviennent.

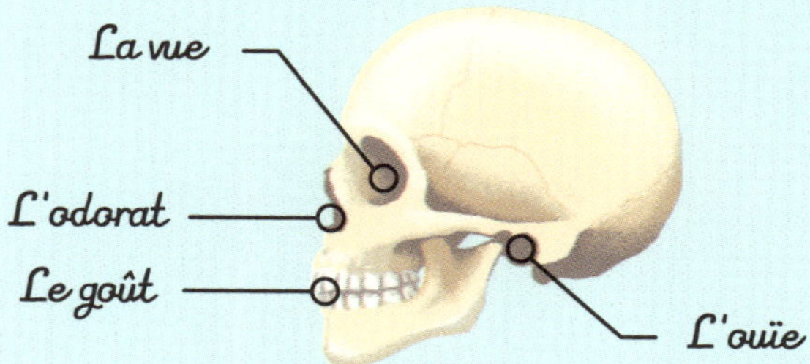

Du cartilage et des osselets →

Chez l'homme, le squelette du nez est en grande partie constitué de cartilage. Voilà pourquoi ton nez est tout mou. Il en est de même pour les oreilles. En revanche, au creux de celles-ci se cachent des os minuscules, les osselets (le marteau, l'enclume et l'étrier), que les sons font vibrer. Grâce à eux, tu peux entendre la musique et tout un tas de bruits.

Chez le bébé humain, les os du crâne ne sont pas encore vraiment soudés les uns aux autres. Ainsi, rien n'empêche le cerveau de grandir ! Mais attention, le crâne d'un nourrisson est très fragile.

→ À TOI DE JOUER !

Les animaux mystères

À qui appartiennent ces crânes ?

- **A** Un chien, un aigle et un rhinocéros
- **B** Une girafe, une poule et une tortue
- **C** Un sanglier, une pie et une gazelle

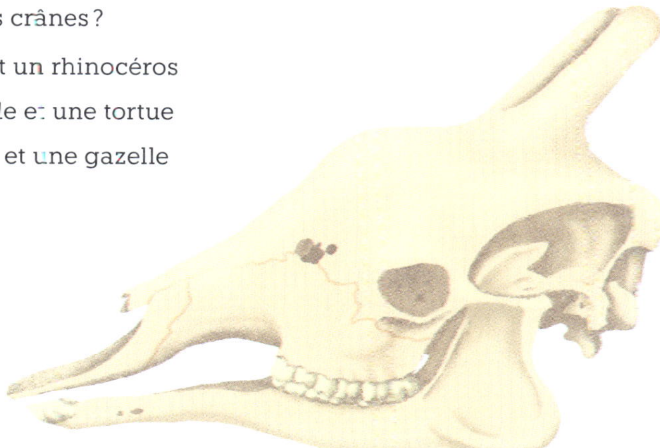

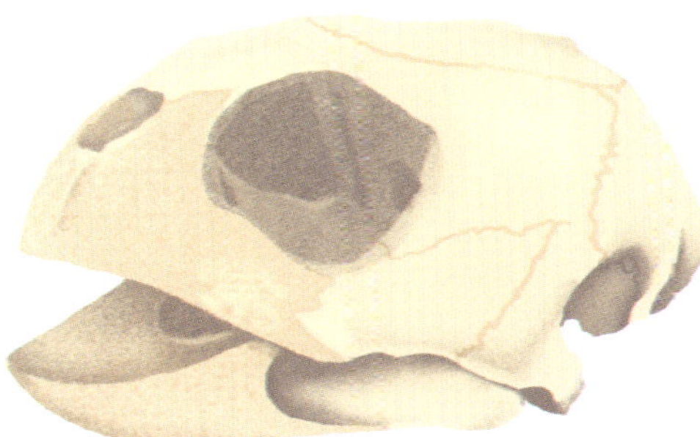

Indice !
Deux de ces animaux n'ont pas de dents. Retrouve-les dans la liste des propositions !

À pleines dents

Des mâchoires d'acier →

Quand ton chien broie un os ou quand tu croques dans une pomme, il vaut mieux des dents solides et bien fixées. Heureusement, elles sont fermement plantées dans l'os de la mâchoire. Munies de muscles qui les rendent mobiles, les mâchoires inférieure et supérieure sont articulées et permettent des mouvements de bas en haut mais aussi latéraux. Attention au piège lorsqu'elles se referment !

Outils en tous genres →

Les dents n'ont pas toutes la même forme ni le même rôle. Chez un carnivore mangeur de viande comme le lion, les incisives raclent les os, les canines longues et pointues (appelées crocs) et les molaires, découpées comme des dents de scie, déchirent les chairs.

Le cheval et la vache qui sont herbivores ont des canines réduites et se servent de leurs longues incisives pour arracher l'herbe. Ils la broient avec leurs molaires aplaties. Un autre herbivore comme le lapin ronge ses aliments avec ses incisives. Elles s'usent mais ce n'est pas grave car elles poussent de 1 à 2 mm par semaine.

La baleine n'a pas de dents mais des fanons. Ces longues lanières souples fixées à la mâchoire supérieure filtrent l'eau et retiennent de petits animaux comme les crevettes.

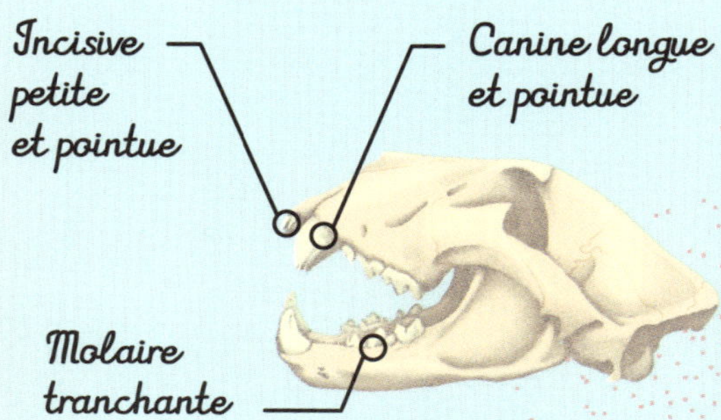

Crâne d'un lion

→ À TOI DE JOUER !

Le bon choix

Parmi ces animaux se cachent des herbivores comme la vache, le lapin, la girafe ou l'éléphant. D'autres sont carnivores comme le crocodile, la panthère, le loup et le requin. Sauras-tu identifier à quels animaux appartiennent chacune de ces mâchoires ?

A

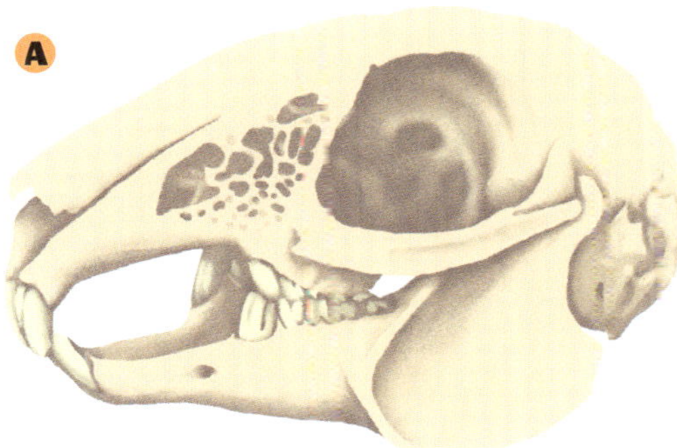

B

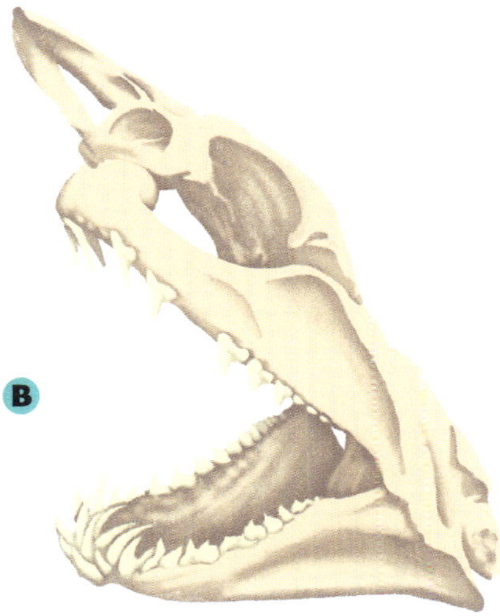

C

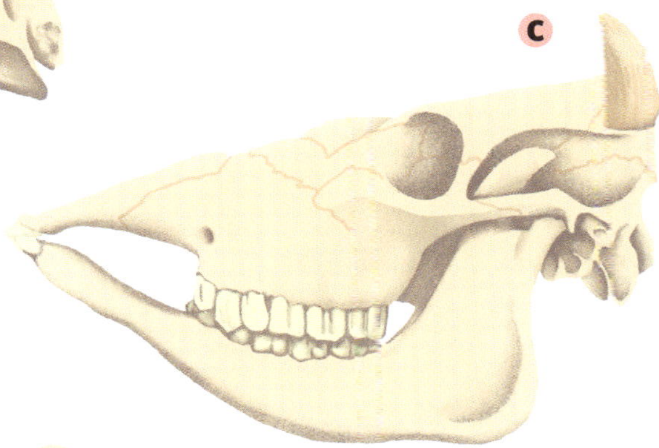

D

Prise de bec

À chacun son bec ! →

C'est bien connu, les poules n'ont pas de dents. Comme tous les oiseaux, elles ont un bec, c'est-à-dire une mâchoire recouverte d'une sorte de peau très dure. Le bec permet la prise des aliments et leur absorption.

Il est pointu et court chez l'hirondelle qui capture des insectes, mais allongé chez la cigogne qui se nourrit de grenouilles et de petits reptiles. Avec leur bec crochu et robuste, les rapaces peuvent dépecer leur proie. Quant au pélican, son bec en forme d'épuisette lui permet de pêcher les poissons.

Les sans dents →

Sans dents, les oiseaux ne mâchent pas. La cigogne avale directement ses petites proies mais découpe les plus grosses à coups de bec, comme le fait l'aigle avec son bec crochu. Le perroquet quant à lui est capable de casser les graines et les fruits les plus résistants.

Chez le toucan, le bec énorme et coloré est presque aussi grand que son corps. Bel atout de séduction pour attirer une femelle ! De plus, quand la température grimpe, il sert de climatiseur. Les vaisseaux sanguins qui le parcourent se dilatent et évacuent la chaleur.

→ À TOI DE JOUER !

Suis le fil

Ces quatre oiseaux se nourrissent de façon différente.
À partir de la forme de leur bec, tu peux retrouver ce qu'ils mangent. Suis le fil pour découvrir leurs aliments préférés.

Hou les cornes !

Bêtes à cornes →

La vache, l'antilope et la chèvre ont des cornes sur la tête. Fixées à un petit bourrelet osseux, elles sont creuses et formées, d'une matière très épaisse et très dure, proche de celle des ongles que l'on appelle la corne. En revanche, une fois coupées, les cornes ne repoussent pas.

Quant aux bois des cerfs, ils sont composés d'os recouvert de peau. Ces bois tombent et repoussent chaque année. Seul le mâle porte des bois, sauf chez les rennes.

Le rhinocéros porte une ou deux cornes sur le nez. Elles sont dépourvues d'os et formées de kératine, le composant des cheveux et des poils. Aussi poussent-elles d'environ 7 cm par an.

Défense et séduction →

Les animaux cités plus haut sont végétariens mais avec des cornes ou des bois, ils peuvent se défendre contre leurs prédateurs : un coup de corne de buffle peut tuer un lion. Les bois sont aussi utilisés lors des parades nuptiales, lorsque le mâle et la femelle vont former un couple pour se reproduire.

Attention ! Les défenses de l'éléphant comme celles du morse ou la corne du narval ne sont pas des cornes mais des dents.

→ À TOI DE JOUER !

Sur la piste

Tous ces animaux ont perdu leurs cornes, leurs bois ou leurs défenses. À toi de suivre la piste pour les aider à les retrouver !

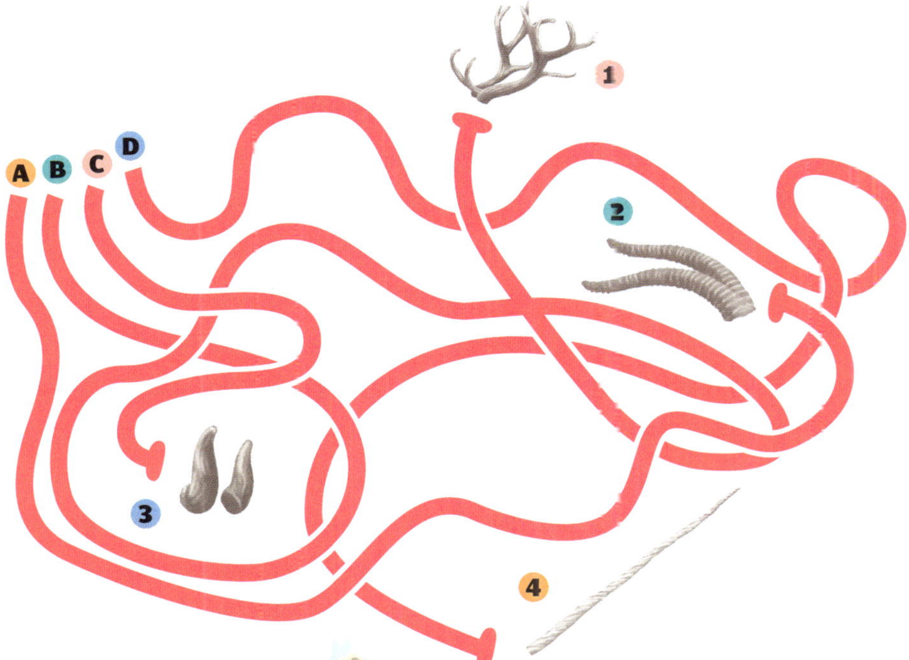

A

B

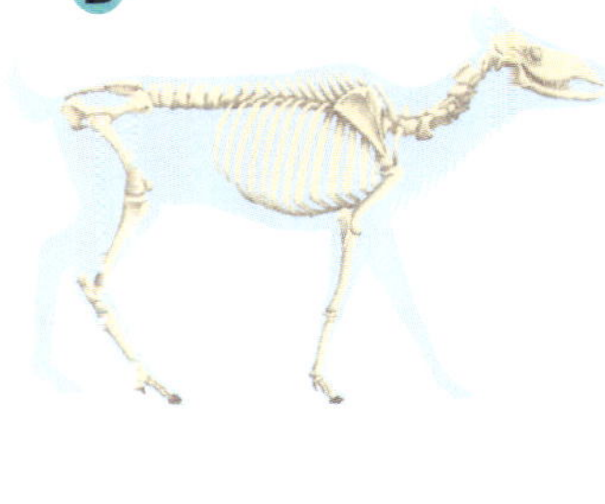

C

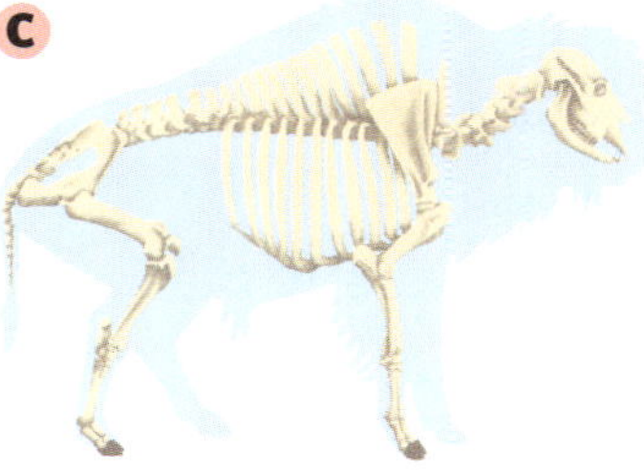

D

Animaux disparus

Chercheurs d'os →

Fouiller le sol pour en extraire les traces des animaux du passé, c'est le travail des paléontologues. Grâce à ces savants, on sait à quoi ressemblaient les dinosaures, pourtant disparus depuis longtemps. Une fois leurs os retrouvés, leurs squelettes sont reconstitués. Un vrai puzzle, pas évident à assembler ! Heureusement, le modèle de base du squelette des vertébrés (expliqué page 10) aide à s'y retrouver.

La tête de l'emploi →

Malgré leur taille impressionnante, les dinosaures n'étaient pas tous de féroces prédateurs. De paisibles herbivores, munis de cornes, comme les tricératops, voisinaient avec les redoutables tyrannosaures aux dents acérées. Leur crâne et leurs dents en disent long sur leurs préférences alimentaires.

Avec un cerveau de bonne taille, des mâchoires puissantes et des dents pointues, les prédateurs sont mieux armés pour l'attaque ! Pour se défendre, les végétariens peuvent utiliser leurs cornes ou dissuader les chasseurs par leur taille imposante.

Les dents et les os contiennent de la matière minérale. Enfouis dans le sol, ils se transforment progressivement en pierre et se conservent très longtemps. Ils sont devenus des fossiles, autant de souvenirs des animaux disparus.

→ À TOI DE JOUER !

Qui mange quoi ?

Retrouve à partir du squelette de ces trois dinosaures lesquels étaient des prédateurs ou des herbivores.

A

B

C

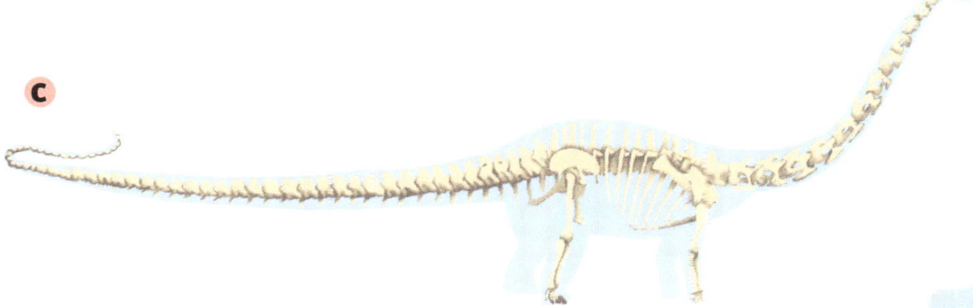

Incroyables os !

Les os, il y en a de toutes les tailles, de toutes les formes ! Ils atteignent même parfois des records. Et selon les animaux, leur nombre peut être très différent.

1 **Le squelette d'un humain adulte est formé de 206 os.** À la naissance, il en comporte plus de 300 (jusqu'à 350) mais plusieurs se soudent entre eux pour former un os unique.

2 **Chez l'homme, la colonne vertébrale se compose de 7 vertèbres cervicales** (celles du cou), 12 vertèbres thoraciques portant chacune une paire de côtes, 5 vertèbres lombaires (dans le bas du dos) et 5 vertèbres sacrées fusionnées en un seul os, le sacrum. La colonne vertébrale se termine par le coccyx, composé de 3 à 5 vertèbres caudales soudées. Les vertèbres caudales sont celles qui forment la queue chez les animaux.

3 **Les parties du corps humain contenant le plus grand nombre d'os sont les bras et les jambes** (une soixantaine chacun), le tronc (57) et le crâne (29).

4 **L'os le plus grand du squelette humain est le fémur** (50 cm en moyenne). Record de longueur observé : 76 cm ! Le fémur est l'os le plus résistant du corps : à poids égal, il est environ 6 fois plus solide que l'acier, et il peut supporter une force 35 fois supérieure à celle nécessaire pour rompre une dalle de béton.

5 **Le plus petit os du squelette humain est l'étrier.** Situé dans l'oreille interne, il mesure entre 2,6 et 3,4 mm de long pour seulement quelques milligrammes. Soit la taille d'un grain de riz !

6 **L'os le plus grand du monde est la mandibule de la baleine bleue :** cette mâchoire inférieure mesure 6 m de long, la taille d'une petite camionnettee !

7 **Les os les plus légers se trouvent chez les oiseaux.** Ils possèdent en effet de nombreux os creux et dépourvus de moelle.

8 **En moyenne, le squelette d'un chat est composé de 250 os,** tandis que celui de la baleine n'en compte que 150. Les serpents, quant à eux, peuvent avoir jusqu'à 400 paires de côtes.

9 **La plupart des mammifères ont 7 vertèbres cervicales** sauf les lamantins, les paresseux et quelques autres espèces. Chez les oiseaux, le cou comporte au moins 11 vertèbres (comme chez le perroquet). Avec ses 25 vertèbres cervicales articulées, le cou du cygne n'atteint pas la longueur de celui de la girafe, mais il peut se déformer davantage que celui de cette dernière avec ses 7 vertèbres !

10 **Le record du plus long cou articulé est détenu par un fossile de plésiosaure** vieux de 73.5 millions d'années (un animal marin proche des reptiles) : avec ses 76 vertèbres, son cou atteignait une longueur de 7 m !

Toutes les réponses

Page 9

Trouve les intrus

La moule, l'escargot et le scorpion ne sont pas des vertébrés.

Le bon choix

Réponse A. Les vertébrés n'ont jamais plus de quatre pattes.

Page 11

La bonne couleur

Le crâne est rouge.
La cage thoracique est verte.
La colonne vertébrale est bleue.
Le bassin est jaune.
Les pattes avant et arrière sont violettes.

Page 13

Énigme

Dépourvu de squelette, le ver de terre ne peut pas se dresser dans son panier comme le fait le serpent.

L'objet mystère

Réponse B.

Page 15

Les différences

Les affirmations A, D, F et G sont exactes.
Les affirmations B, C et E sont fausses.

Page 17

Le bon choix

Quand le muscle B (rose) se contracte, il tire sur les os auxquels il est attaché et la patte du lapin se plie en suivant la flèche 2. C'est un muscle fléchisseur. Au contraire, quand le muscle A (rouge) se contracte, il tire l'os de la jambe vers l'avant et la patte se tend. C'est un muscle extenseur.

Les bons couples

A3, B1 et C2. L'humérus s'articule sur l'omoplate au niveau de l'épaule. Le fémur s'articule avec le bassin au niveau de la hanche. La première vertèbre cervicale s'articule à la base du crâne.

Page 19

Trouve l'intrus

La patte de l'ours n'est pas faite pour la course. Tout le pied repose sur le sol.

Vrai ou faux ?

Les affirmations B et D sont exactes.
Les affirmations A, C et E sont fausses.

Page 21

Trouve l'intrus

Réponse A. Seul le mouton n'a pas de pattes en Z. Ce n'est pas un animal sauteur. La gerboise (B) et le lièvre (C) sont des animaux sauteurs.

Page 23

Trouve l'intrus
L'autruche est incapable de voler. Ses ailes sont trop petites par rapport à sa taille.

Page 25

Trouve l'intrus
Réponse B. Le serpent n'a pas de nageoire contrairement au poisson (A), au phoque (C) et à la baleine (D).

Page 27

La bonne couleur
Le pouce a deux phalanges et les autres doigts en ont trois. Les phalanges sont donc représentées en vert, bleu et rose. Les zones jaune et violette correspondent aux os de la paume et du poignet.

L'animal mystère
C'est le koala ! Il s'agit du seul animal capable de manger des feuilles d'eucalyptus, toxiques pour les autres animaux.

Page 29

Avec ou sans queue ?
Réponse C. L'écureuil a une queue en panache (A) et le cochon (B) une queue en tire-bouchon. Le gorille (C) n'a pas de queue.

Page 31

Les animaux mystères
Réponse B.

Page 33

Le bon choix
A : le lapin
B : le requin
C : la vache
D : le crocodile

Page 35

Suis le fil
Le pélican mange du poisson, la cigogne mange des grenouilles, le faucon mange des lapins et la mésange mange des graines.

Page 37

Sur la piste
A2 (la gazelle), B1 (le renne), C3 (le bison) et D4 (le narval).

Page 39

Qui mange quoi ?
Le tyrannosaure (A), avec ses dents acérées, était un redoutable prédateur. Le tricératops (B), avec ses cornes, et le diplodocus (C), avec sa grande taille, son petit cerveau et sa longue queue, étaient herbivores.

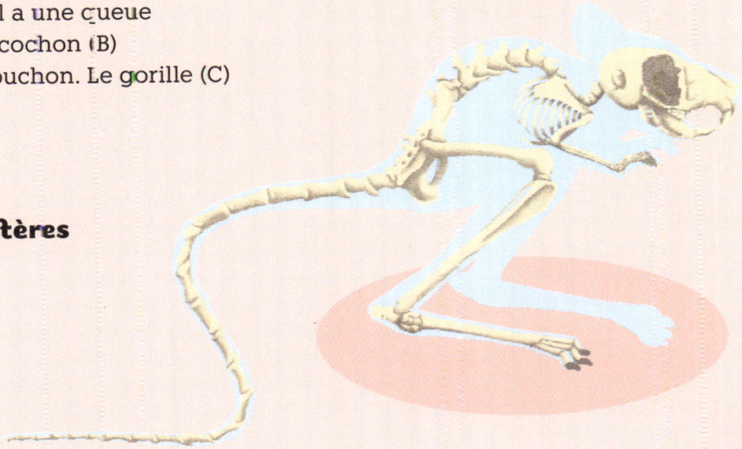

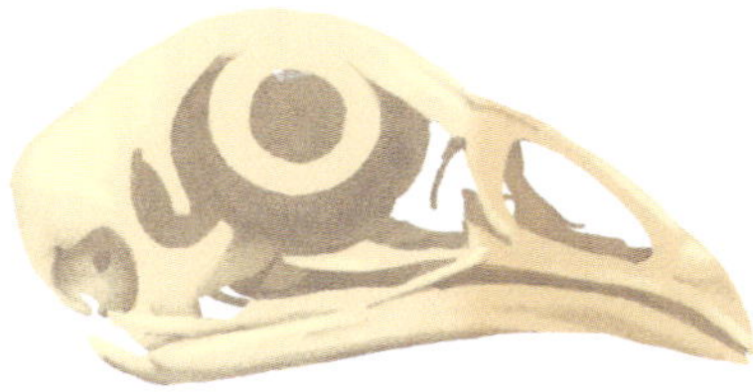

Textes : Claudine Gaston et Christian Camara
Illustrations : Victoria Denys
Direction : Guillaume Pô
Direction éditoriale : Emmanuelle Braine Bonnaire
Édition : Audrey Bourset
Direction artistique : Mélissa Chalot
Création graphique et mise en pages : Juliette Maroni
Direction de fabrication : Thierry Dubus
Fabrication : Marie Guibert
© 2021, Fleurus éditions, Paris

57, rue Gaston-Tessier, CS 50061, 75166 Paris Cedex 19 | www.fleuruseditions.com
Loi n°49-956 du 16 juillet 1949 sur les publications destinées à la jeunesse,
modifiée par la loi n°2011-525 du 17 mai 2011.
Tous droits réservés pour tous pays.
Dépôt légal : mai 2021 | 1re édition | ISBN : 978-2-215-17289-5
Code MDS : FS72895 | Numéro d'édition : J21170
Achevé d'imprimer par Interak (Pologne) en mars 2021.
Fleurus Éditions s'engage pour la planète : ce livre est imprimé avec des encres
à base végétale et est composé de matériaux issus de forêts bien gérées,
certifiées FSC® et d'autres sources contrôlées.

FSC www.fsc.org
MIXTE
Papier issu de sources responsables
FSC® C015559